ESTO NO LO SABÍAS

Curiosidades y La Vida

Rodrigo Alejandro Belsito

Índice:
    Introducción
    Capítulo I Fascinación Natural
    Capitulo II Números Curiosos
    Capitulo III El Valor del Conocimiento
    Capitulo IV El Mono Infinito y la Magia del Azar
    Capitulo V Varias Curiosidades Conectadas
    Reflexión final

Introducción

Empecemos por el principio.

Cuando aun no sabía hablar correctamente, me sumergía en grandes universos mentales aislandome de toda distracción que me alejara de mi objetivo.

Un divertido ejemplo de esto es cuando en una ocasión, estaba desarmando un auto de juguete para entender su funcionamiento, y mi padre insistía llamandome por mi nombre:

-Rodrigo. Rodrigo. Rodrigo -, entonaba mi padre.

Mi respuesta fue bastante escueta:
- ESTOY OPUPADO.

Si bien parecía que tenía las cosas claras desde crío, nunca supe realmente que querría ser cuando creciera. Y eso estuvo muy bien.

En mi casa se sugería por mi parte materna "Ingeniería en Informática", porque me veía pasar mucho tiempo en consolas de videojuegos o en la PC. Posiblemente debamos esta parte de mi personalidad a estas insistencias agiornadas.

Mi papa nunca me sugirió como tal una carrera, pero me mostró los beneficios de ser profesor de matemática. También me mostró lo que se podía disfrutar, y las maravillas que se podían hacer con la música.

Así es como comenzó la vida de este autodidacta, que no sabe bien que es, pero que trata de hacer todo lo mejor posible y con disciplina.

Capítulo I
Fascinación Natural

"No tengo ningún talento en particular. Solo soy apasionadamente curioso."

Albert Einstein

Se podría decir que la curiosidad nace del interior de uno mismo. Es decir, que es una conducta natural que algunas personas tienen mas o menos potenciada (quizá tenga que ver con razgos evolutivos de adaptación).

Sin embargo, son justamente los estimulos externos los que ayudan. De hecho pue den llegar a ser grandes despertadores de curiosidad, y el ejemplo mas icónico que se me viene a la mente es la manzana del árbol de Newton.

Basicamente el evento aislado de una fruta cayendo de un árbol dio como resultado el elemento que faltaba para que el genio de Newton redondeara su idea sobre la gravedad y el calculo en general.

En función de nuestra manera de percibir el mundo, los objetos nos e mueven por sí solos a menos que exista otro factor (viento, GRAVEDAD, empuje de otra fuerza) que los obligue. Por lo tanto, nuestra atención se dirigirá, instintivamente hacia ese objeto, y la curiosidad se cernerá sobre nosotros para encontrar una explicación a esa atrevida distracción.

"Dicen que la curiosidad mató al gato, pero no dicen si lo que descubrió valió la pena."

José Saramago

Ahora, volviendo a la parte introspectiva del capitulo, las personas tenemos una tendencia natural a desear aprender, a adquirir nuevos conocimientos y a vivir experiencias "refrescantes". Rara vez nos sentimos a gusto en un mismo lugar, con las mismas cosas de siempre y con nuestro aprendizaje congelado por completo.

Es entonces un hecho de que la curiosidad favorece el aprendizaje. Debido a que nos alienta a profundizar e investigar. Esta motivación intrínseca es muy poderosa. No estamos buscando por buscar, sino por una necesidad, un deseo de saber más acerca de lo que nos ha cautivado.

Cuando esto sucede la información o el conocimiento se instala mucho mejor en nuestra mente. Un estudio muy reciente publicado en la revista Neuron expuso unas conclusiones muy interesantes. La investigación dio a conocer tres increíbles descubrimientos con respecto a la curiosidad de las personas que participaron en ella.

- En primer lugar, los participantes aprendían mucho mejor cuando sentían mucha curiosidad por saber la respuesta a determinadas preguntas.
- A continuación, se dieron cuenta de que había un aumento de la actividad en el cerebro en las áreas relacionadas con la recompensa cuando había una motivación intrínseca, pero también extrínseca, por saber más sobre lo que captara su interés.
- Finalmente, los investigadores se centraron mucho en aquellos individuos más curiosos, en los que observaron que la actividad del hipocampo era mucho mayor. Esta zona del cerebro está muy relacionada con la formación de nuevos recuerdos y el aprendizaje. Por lo que no quedó ninguna duda de que las personas más curiosas aprendían mucho mejor.

"La curiosidad puede llevar al cerebro a un estado que le permite aprender y retener cualquier tipo de información".

-Matthias Gruber, autor del estudio-

Somos exploradores de nuestro pequeño gran universo
En nuestros primeros años de vida somos muy curiosos porque todo es nuevo para nosotros, de hecho se dice que es la

etapa más intensa por es la que hacemos la mayor cantidad de "primeras veces". Sin embargo a medida que pasa el tiempo, las preocupaciones, los problemas y demás circunstancias dejan en un segundo lugar esta tendencia tan natural y beneficiosa.

Quizás, también, porque en las propias escuelas se "adormece" de alguna manera la curiosidad animando e incentivando que los alumnos inviertan su energía en tareas que consideran aburridas, pero eso es OTRO TEMA (que quizá toquemos mas adelante). Un autor que ha desarrollado buenos pensamientos en torno a esta área es Adrian Paenza.

La curiosidad es una excelente herramienta para aprender. Si sabemos sacarle el máximo partido a esta motivación intrínseca que nos lleva a desear saber más ejercitaremos nuestra memoria y dejaremos a un lado el aprendizaje aburrido. Porque la novedad siempre será algo de lo que vamos a querer conocer más y, si es posible, experimentar.

2 Mini-datos sobre la Curiosidad Misma:

1) La falta de curiosidad está asociada a enfermedades como la depresión y el Alzheimer.
2) A diferencia del IQ, el Índice de Curiosidad PUEDE DESARROLLARSE. Esto significa que uno puede volverse mas curioso cada día.

¿Como desarrollar la curiosidad?

Algunas pautas para estimular la curiosidad pueden ser:
Cuestionarlo Todo: Cuando damos todo por sentado, caemos en la pasividad mental. No ponemos a prueba la veracidad de lo que estamos percibiendo. La curiosidad en estos casos, no trabaja. Para combatir esto, aunque sea dificil de creer, pon a prueba lo primero que tengas delante. Cuestiónalo e intenta desmentirlo

Salir de la rutina: El mayor enemigo de la curiosidad es la rutina. Crea un estado de inactividad física y mental. Para romper la rutina en pequeñas dosis, es necesario buscar mecanismos nuevos para acontecimientos diarios. Por ejemplo, cambiar de ruta para ir a hacer las compras o al trabajo.

Explorar: Movernos siempre por los mismos lugares, es igual que tener una rutina. Comienza a explorar todo lo que hay alrededor, desde locales comerciales que no hayas visitado, hasta visitar otros países. Si lográs que te dejen de sorprender poco a poco las cosas nuevas, cada vez desarrollarás mas esta afición.

Desarrolla Arte: Como ya mencionamos, la creatividad se relaciona con el aprendizaje y la curiosidad. El problema es que, a medida que crecemos, interiorizamos la idea de que no somos buenos artistas. Esto puede invertirse si buscamos un campo donde nos sintamos cómodos y seamos capaces de rebajar nuestros propios niveles de autoexigencia (que a veces son TAN contraproducentes). Con el paso de los días, al opnernos a crear, la voz crítica de nuestra cabeza irá disminuyendo.

Haz Listas: Una buena idea es desarrollar listas. Con lo que nos gustaría aprender, con lo que nos apasionaba cuando eramos más pequeños. De esta manera es más fácil identificar que cosas no hemos explorado.

Desarrolla un curso: Cuando terminamos los estudios básicos, los cursos posteriores a los que solemos anotarnos llevan la intención de que obtengamos un certificado válido para nuestro curriculum. Estudiar una carrera solamente con esta motivación, está muy alejado de la curiosidad. Para combatirlo, busca cursos donde sientas que vale la pena estar mas allá del certificado o titulo.

Capitulo II
Números Curiosos

"Siempre he preferido los números a las opiniones."

Terence Tao

Si bien existen personas con mayor facilidad de pensamiento abstracto que otras, no se puede negar que a todos en algun momento nos fascinó algo relacionado con los números.
Sea para medir cantidades increibles, como el número de árboles en la tierra o de estrellas en la galaxia, o sea para encontrar hermosas relaciones en la naturaleza (algunas exhortandonos a dudar de todo).

Una de las afirmaciones mas conocidas en divulgación, en cuanto a magnitudes puede ser:

"El número total de estrellas en el universo es mayor que todos los granos de arena en todas las playas del planeta Tierra".

La afirmación proviene del astrónomo estadounidense y maestro del universo Carl Sagan, quien la formuló en su programa de televisión "Cosmos", un éxito masivo en los años ochenta y un gran legado que tuvimos los millenials de principios de los 90.

¿Pero es verdad? y ¿Es posible calcularlo?

Vamos por partes.

El profesor Gerry Gilmore es un astrónomo de la Universidad de Cambridge que ha estado contando las estrellas en la galaxia en la que vivimos los terrestres: nuestro hogar cósmico, la Vía Láctea.

Dirige un misión en el Reino Unido llamado Gaia que incluye una nave espacial europea, actualmente en órbita, que está mapeando el cielo.

Para calcular cuántas estrellas hay realmente en toda nuestra galaxia el equipo de Gaia utilizó sus datos para construir un gran modelo tridimensional de la Vía Láctea.

"El primer conjunto de datos que recopiló Gaia mostró un poco menos de 2.000 millones de estrellas. Pero eso es solo el 1% de las estrellas en la Vía Láctea" declaró Gilmore.

Si 2.000 millones de estrellas representan el 1% del total, podemos calcular que hay unas 200.000 millones de estrellas en total en nuestra galaxia.

Pero esa es solo UNA galaxia.

¿Cómo se calcula cuántas estrellas hay en todas las galaxias del universo?

La mayoría de las galaxias tienen "aproximadamente" la misma cantidad de estrellas que la Vía Láctea y el profesor Gilmore afirma que podemos usar nuestra galaxia para hacer un promedio porque en magnitudes cósmicas, unos 100.000 millones adicionales hacen muy poca diferencia (lo que usted diga, Sr Cartel).

Esto significa que podemos tener una idea del número total de estrellas si podemos calcular la cantidad de galaxias que hay. Él explica que esto es algo que los astrónomos pueden contar.

"Para saber cuántas galaxias como la Vía Láctea hay alrededor del universo tenemos que saber qué tan brillante es cada galaxia y si es como la Vía Láctea o totalmente diferente", señala.

"Para hacer eso necesitamos saber las distancias a las galaxias. Esto es algo que podemos derivar de la comprensión moderna de la forma en que el universo se está expandiendo, algo que se conoce como Ley de Hubble".

Usando la Ley de Hubble el profesor Gilmore observa la velocidad a la que las galaxias parecen moverse para así calcular su brillo y cuán distante están de nosotros.

A partir de esto, puede identificar y contar todas las galaxias similares a la Vía Láctea.

El resultado: alrededor de 100.000 millones de galaxias en el universo. Pero recuerda que cada galaxia tiene aproximadamente 200.000 millones de estrellas.

Entonces, para obtener el número total de estrellas en el universo hay que multiplicar estas cifras. Este cálculo da un número enorme, uno que quizás no hayas oído nombrar antes.

Es un 1, seguido de veintidós ceros: diez mil trillones. Un número tan grande que ni siquiera hay consenso de como nombrarlo (esto es un chiste).

{Mini dato curioso:
En inglés las notaciones son diferentes:
En Ingles 1 000 000 000 es un Billón, es decir mil millones.
En Español 1 000 000 000 000 es un Billón, es decir un millón de millones.}

Número de estrellas en el universo: 10 000 000 000 000 000 000 000.

Con esto tendríamos calculada la cantidad de estrellas, ahora faltan la cantidad de granos de arena en todas las playas del mundo.

Primero, necesitamos saber el volumen de todas las playas del mundo. Vamos a necesitar la longitud, el ancho y la profundidad de las orillas arenosas de la Tierra.

Así que comencemos con las costas. No las playas, sino las costas.

Esto es algo en lo que los expertos no pueden ponerse de acuerdo: las costas son onduladas y cambian constantemente de forma, por lo que es imposible dar cuenta de cada detalle.

Sin embargo, en un informe la BBC habló con un hombre que le puso un número.

Gennadiy Donchyts es investigador en Deltares, un instituto que estudia el agua y cómo manejarla.

Junto con un equipo de científicos, ha estimado una longitud plausible para las costas del mundo y las partes de ella que son playas de arena.

Incluso asegura que calcular la longitud total de las costas del mundo es en realidad una tarea relativamente trivial.

Midiendo la costa

OpenStreetMap es un proyecto de mapeo colaborativo, con más de dos millones de personas en todo el mundo que aportan información para crear un mapa muy detallado.
Los gobiernos de Estados Unidos, Canadá y el Reino Unido también han aportado datos.

"Utilizando mapas gratuitos como OpenStreetMap se pueden calcular de forma sencilla los datos en la costa. Simplemente extraes la geometría de la costa y luego calculas la longitud total de la geometría", dice el doctor Donchyts.

"Cuando lo hicimos, llegamos a la cifra aproximada de 1.9 millones de kilómetros, como estimación. Y si calculas la longitud de la costa que no tiene áreas heladas, es de alrededor de 1.1 millones de km, donde aproximadamente 300.000 km son playas de arena", calcula.

Entonces, tenemos una longitud para las playas de arena del mundo: 300.000 km, pero ¿qué pasa con el volumen? (quizá no haya que aclararlo, pero con volumen nos referimos a que ya hemos conseguido, grosso modo, el "largo" y el "ancho", y ahora queda la "profundidad". Como si tuviéramos un globo desinflado y quisiéramos medirlo inflado, falta inflarlo).

Esto es más complicado: ningún mapa bidimensional puede medir la profundidad. Pero es plausible decir que la mayoría de las playas tienen aproximadamente 50 metros de ancho y alrededor de 25 metros de profundidad.

Luego, para llegar al volumen, multiplicamos la longitud de todas las playas por estas cifras de ancho y profundidad de la playa promedio.

Calculado en metros, eso es 300 millones para la longitud, multiplicado por 50 para el ancho y 25 para la profundidad. Eso te da: 375.000 millones de metros cúbicos de arena.
Ahora solo necesitamos multiplicar ese número por la cantidad de granos de arena en un metro cúbico.

Un científico llamado Gary Greenberg examinó la arena bajo un microscopio y calculó que cada grano tiene un tamaño de aproximadamente un décimo de milímetro.

Eso es más o menos el grosor de una uña.

Esto nos da 10.000 millones de granos en un metro cúbico.

Entonces, sabemos que hay 375.000 millones de metros cúbicos de arena y que cada uno de esos metros cúbicos contiene 10.000 millones de pequeños granos.
Así que multiplique 375.000 millones por 10.000 millones y tenemos una respuesta para la cantidad total de granos de arena en las playas de la Tierra.
3.75 con veintiún ceros después. Es decir: menos de cuatro mil trillones de granos de arena.

Número de granos de arena en todas las playas de la tierra: 3 750 000 000 000 000 000 000

Claramente 10 000 000 000 000 000 000 000 es un número mas grande que 3 750 000 000 000 000 000 000.
Carl Sagan tenía razón.

Capitulo III
El Valor del Conocimiento

En una de sus muchas experiencias en la televisión, Adrian Paenza reveló una fascinante anécdota que muestra la importancia de cómo comunicamos el conocimiento.

Durante diez años, Paenza recorrió toda Argentina con su programa de divulgación matemática, visitando escuelas públicas y planteando problemas matemáticos que a menudo sorprendían y desafiaban a estudiantes y docentes por igual.

Una de sus demostraciones que me cautivó, fue la de algo tan cotidiano como cortar una pizza, pero con un enfoque matemático. La idea era mostrar cómo cortar una pizza en partes iguales para que dos personas pudieran comer exactamente lo mismo. Parece simple, pero lo interesante de la demostración era que los cortes no seguían la distribución tradicional que todos conocemos, sino que se hacían en puntos estratégicos para garantizar la equidad en las porciones.

En una ocasión, Paenza decidió llevar esta idea a la televisión y hacer la demostración en vivo con un pizzero llamado José, quien era parte del equipo que preparaba la comida para el equipo de producción. José, vestido impecablemente de blanco y algo nervioso por estar frente a cámaras, accedió a cortar dos pizzas: una de manera tradicional, como lo hacía habitualmente, y la otra siguiendo las instrucciones matemáticas de Paenza.

El primer corte, el tradicional, salió perfecto, como era de esperar. Pero cuando Paenza le pidió a José que cortara la segunda pizza de forma distinta, fue cuando surgió el problema.

Primero Paenza le pidió que hiciera un corte a la mitad de la pizza. Salió bárbaro. Después dijo que hiciera el segundo corte de manera "perpendicular". Jose, el pizzero, se quedó quieto de repente, con una expresión de desconcierto. Fue entonces cuando Adrián se dio cuenta de que el problema no era la falta de voluntad o habilidad de José, sino simplemente que no comprendía lo que significaba la palabra "perpendicular".

Adrián en un intento por resolver la diligencia, le pidió a José que hiciera el corte "a 90 grados", pero el resultado fue el mismo. El pizzero José, seguía quieto y con los ojos abiertos.

Fue recién cuando Paenza le dijo "como una cruz" que José pudo realizar el corte correctamente, y la demostración continuó sin problemas.

Este episodio dejó una enseñanza profunda para Paenza, que no solo aplica en el ámbito de la matemática, sino en cualquier situación donde se intenta transmitir conocimiento. Muchas veces, cuando alguien no entiende algo, tendemos a pensar que es por falta de interés o habilidad, cuando en realidad, el problema es simplemente que no se le ha explicado de manera clara o accesible. Además, es común que quienes poseen el conocimiento sientan una especie de superioridad sobre los que no lo tienen, como si ese saber los colocara en un escalón más alto, por lo menos en esa situación.

Paenza subraya lo importante que es reconocer que el desconocimiento no disminuye el valor de una persona. Admitir que no entendemos algo no nos hace menos, y pedir una explicación adicional debería verse como una oportunidad para aprender, no como una muestra de debilidad. La verdadera labor del que enseña es saber adaptar su lenguaje y método para que el conocimiento sea accesible a todos.

Para ilustrar este punto, Paenza suele comparar el proceso de enseñar matemáticas con otras actividades que requieren habilidades progresivas, como el fútbol o la música.

"Imagina," dice Paenza, "que trajéramos a 10 niños de Marte que nunca han jugado al fútbol y que intentáramos enseñarles el deporte empezando por la barrera en un tiro libre. Sería ilógico, porque estaríamos enseñando un aspecto del juego avanzado y desconectado de la experiencia inicial que deberían tener los jugadores para entender el deporte. Se podría empezar por una gambeta, un cabezaso o un caño.

Lo mismo sucede con la música: no empezaríamos enseñando una marcha militar a alguien que nunca ha escuchado música, sino algo más accesible, como una canción de los Beatles o Pink Floyd."

Aprovecho para recomendar a mis lectores, un ensayo del bajista Victor Wooten: "Músic is a Language" o "la música es un lenguaje". Donde nos invita a reflexionar este mismo tema, pero especificamente en la música. Imperdible.

Con la matemática, argumenta Paenza, muchas veces hacemos lo mismo: comenzamos enseñando conceptos complejos y poco intuitivos, en lugar de presentar la belleza y simplicidad de las matemáticas de una manera que todos puedan disfrutar y entender. El conocimiento, en su opinión, debe ser compartido de forma generosa y clara, y el primer paso para lograrlo es asegurarse de que el lenguaje que usamos sea comprensible para todos.

Capitulo IV
El Mono Infinito y la Magia del Azar

En el fascinante mundo de las Ciencias Exactas, a menudo nos encontramos con paradojas que desafían nuestra intuición y, al mismo tiempo, abren puertas a nuevas formas de entender la realidad. Una de las más intrigantes es la llamada Paradoja o Teorema del Mono Infinito. Según esta idea, si colocamos a un mono frente a una máquina de escribir y lo dejamos presionar teclas al azar por tiempo indefinido, eventualmente ese mono escribirá cualquier cosa. Por ejemplo la palabra banana o extraterrestre. De hecho si lo dejamos el tiempo suficiente, podría escribir cualquier libro. Sí, incluso Hamlet de Shakespeare. Aunque suena descabellado, esta simple analogía nos lleva a una profunda reflexión sobre el azar y las probabilidades.

El poder del azar

Para entender cómo un mono, sin intención alguna, podría producir una obra maestra literaria, debemos primero desentrañar el concepto de azar. En matemáticas, el azar no es más que una serie de eventos que parecen impredecibles, pero que, al observarlos de cerca, siguen patrones. A medida que estos eventos se repiten una y otra vez, las probabilidades empiezan a mostrarnos qué es posible y qué no lo es.

Tomemos un ejemplo sencillo: lanzar una moneda. Si lanzamos una moneda al aire una vez, hay dos posibles resultados: cara o cruz. La probabilidad de obtener cara es de 1 entre 2. Ahora bien, si lanzamos esa moneda un millón de veces, aunque el azar sigue gobernando cada lanzamiento, observaremos que la cantidad de veces que aparece cara se aproxima a la mitad de las veces. Esto es lo que llamamos la ley de los grandes números.

Del mismo modo, si dejamos que el mono teclee al azar durante un tiempo suficiente, es matemáticamente posible que eventualmente reproduzca una palabra, una frase, o incluso una obra completa. Ahora, la probabilidad de que esto suceda es ridículamente pequeña, pero no es imposible.

Tiempo y probabilidad

¿Pero cuánto tiempo necesitaría este mono para escribir una obra como Hamlet? La respuesta está en la combinación del azar con el tiempo. Imaginemos que el teclado tiene 26 letras, más espacios y signos de puntuación. La probabilidad de que el mono escriba correctamente una letra que esperamos es de (1/26).

Para una palabra de 2 letras, la probabilidad será de (1/26)*(1/26)=(1/676)

Para una palabra de 3 letras, la probabilidad será de (1/26)*(1/26)*(1/26)=(1/17576)

La formula general para la generración de palabras determinadas será la siguiente:
(1/n).
(n es la cantidad de letras totales).

Si añadimos más palabras, la probabilidad disminuye exponencialmente. Sin embargo, en el reino de lo infinito, todo es posible. Dado un tiempo lo suficientemente largo, el mono no solo escribiría Hamlet, sino todas las obras de Shakespeare... y cualquier otro texto jamás concebido.

Este es el poder del azar: la posibilidad de que lo improbable se convierta en realidad, si le damos suficientes oportunidades.

Una ventana al infinito

Aquí es donde el concepto del infinito se cruza con la probabilidad. Aunque nos resulta difícil imaginarlo, en un universo infinito, cualquier cosa que pueda ocurrir, por improbable que sea, ocurrirá en algún momento. El mono que escribe al azar no es más que una ilustración de este principio. Si bien puede parecer imposible que alguien sin intención pueda crear algo tan complejo como una novela, las matemáticas nos enseñan que, con suficientes repeticiones, hasta lo más improbable es inevitable.

El concepto de infinito también se aplica en la física y en la cosmología. Algunos científicos creen que vivimos en un multiverso: un conjunto infinito de universos donde cualquier cosa que pueda suceder, sucede en alguno de ellos. Desde esta perspectiva, la paradoja del mono no es tan descabellada después de todo.

Del azar a la realidad

Este principio del azar no solo es relevante en la teoría, sino que lo vemos en la vida real constantemente. Un ejemplo claro es el de la evolución biológica. Los organismos cambian a lo largo de generaciones a través de mutaciones aleatorias en sus genes. La mayoría de estas mutaciones no tienen un impacto significativo o son perjudiciales, pero, de vez en cuando, surge una mutación que proporciona una ventaja y, con el tiempo, esta mutación puede dar lugar a nuevas especies. Al igual que el mono, la naturaleza "teclea" al azar, y, de vez en cuando, surge algo extraordinario.

El azar también juega un papel fundamental en otros campos, como la criptografía. Cuando se diseñan sistemas de seguridad informática, el uso de números aleatorios es crucial para crear códigos seguros. Si alguien intentara adivinar estos códigos mediante ensayo y error, la probabilidad de éxito sería tan baja que tomaría años, incluso siglos, encontrar la combinación correcta. Sin embargo, como en el caso del mono, la posibilidad siempre está presente, aunque sea infinitesimal.

Capitulo V
Varias Curiosidades Conectadas

"Desde una Piedra hasta el Avance Médico"

En la prehistoria, las primeras herramientas de piedra no solo se usaban para cazar, sino también para realizar las primeras intervenciones médicas rudimentarias, como las trepanaciones craneales.

Estas prácticas primitivas llevaron al desarrollo de la cirugía, que evolucionó enormemente en la antigua Grecia con figuras como Hipócrates, considerado el padre de la medicina moderna.

Los métodos de Hipócrates inspiraron a médicos durante siglos, incluyendo a quienes realizaron las primeras cirugías a corazón abierto en el siglo XIX, gracias a los avances en la anestesia.

La anestesia moderna, desarrollada a partir de sustancias como el éter, fue utilizada durante la Segunda Guerra Mundial, permitiendo cirugías más complejas y salvando miles de vidas.

Y hoy, en un salto increíble desde aquellas primeras herramientas de piedra, se realizan cirugías robóticas de alta precisión, algunas incluso controladas a distancia, permitiendo que médicos operen pacientes en otros continentes.

"Desde el Hilo de Ariadna hasta los Laberintos Virtuales"

En la mitología griega, Ariadna dio a Teseo un ovillo de hilo para que pudiera salir del laberinto después de derrotar al Minotauro, lo que se considera una de las primeras representaciones del concepto de "guía".

Este mito del laberinto inspiró a matemáticos en el siglo XVIII para desarrollar teorías sobre cómo resolver problemas complejos, dando origen a los primeros algoritmos de búsqueda de caminos.

Estos algoritmos fueron la base para los primeros sistemas de navegación en mapas modernos, como los GPS, que utilizamos hoy para guiarnos a través de las ciudades.

Curiosamente, los mismos algoritmos de navegación también se usan en los videojuegos de laberintos y mundos virtuales, donde los personajes deben encontrar el camino correcto entre obstáculos.

Y ahora, esos laberintos virtuales han evolucionado a experiencias de realidad aumentada, que permiten a los usuarios interactuar con mundos digitales mientras siguen guiándose a través de sus dispositivos móviles.

"Desde una Batería hasta el Futuro de la Energía"

La primera batería eléctrica fue inventada por Alessandro Volta en 1800, utilizando discos de cobre y zinc separados por cartón empapado en agua salada, lo que se considera el origen de la electricidad portátil.

Este invento inspiró el desarrollo de pilas y baterías modernas, que alimentaron desde linternas hasta los primeros dispositivos electrónicos, como radios y relojes de pulsera.

Hoy en día, las baterías han avanzado tanto que las más potentes se usan para alimentar autos eléctricos como los de Tesla, revolucionando la industria del transporte.

Además, estas mismas tecnologías de baterías están impulsando la carrera por desarrollar energías renovables, permitiendo almacenar la energía solar y eólica para un uso más eficiente.

Curiosamente, algunos de los experimentos más recientes con baterías se están llevando al espacio, donde se espera que puedan alimentar estaciones espaciales e incluso futuros asentamientos humanos en otros planetas.

"Desde una Mariposa hasta la Predicción del Clima"

El llamado "efecto mariposa" se refiere a la idea de que el aleteo de una mariposa en un lugar del mundo puede provocar un tornado en otro, una metáfora creada por el meteorólogo Edward Lorenz para explicar la sensibilidad de los sistemas complejos.

Este concepto revolucionó la teoría del caos, que influye en muchos campos científicos, incluyendo las predicciones meteorológicas, donde pequeños cambios pueden alterar grandes sistemas.

De hecho, los primeros modelos computacionales del clima, desarrollados en los años 50, demostraron lo difícil que era prever el tiempo con precisión debido a esta naturaleza caótica.

Hoy en día, se utilizan supercomputadoras que procesan millones de datos en segundos para mejorar las predicciones del clima, incluso anticipando fenómenos extremos como huracanes y sequías.

Curiosamente, esos mismos principios de procesamiento de datos se están aplicando ahora para estudiar el clima de otros planetas, como Marte, donde se espera que los avances en la predicción climática puedan ayudar a futuros asentamientos humanos.

"Desde una Pluma hasta los Viajes Interestelares"

Las plumas estilográficas fueron inventadas en el siglo XIX como una alternativa más eficiente y duradera que las plumas tradicionales de ave, revolucionando la escritura y la correspondencia.

Este avance permitió que escritores y científicos pudieran documentar sus ideas de manera más rápida y precisa, contribuyendo al auge de la ciencia y la literatura.

Uno de los avances científicos documentados en esa época fue la teoría de la relatividad de Einstein, que transformó nuestra comprensión del espacio y el tiempo.

La teoría de la relatividad inspiró la creación de tecnologías como el GPS, que necesita ajustes de tiempo basados en la velocidad y la gravedad para proporcionar ubicaciones precisas.

Y en un futuro no tan lejano, esa misma teoría está siendo utilizada para estudiar la viabilidad de los viajes interestelares, explorando cómo podríamos viajar a otras estrellas utilizando los principios de la relatividad para superar las distancias cósmicas.

"Desde un Juguete hasta la Carrera Espacial"

El famoso juguete conocido como el "Slinky" fue inventado por accidente en 1943, cuando un ingeniero naval, Richard James, estaba trabajando con resortes y notó cómo uno se movía de manera curiosa al caer.

Este simple juguete fascinó tanto a científicos como a niños, y su diseño sirvió de inspiración para ingenieros que estudian el comportamiento de los resortes en diferentes aplicaciones mecánicas.

De hecho, la NASA utilizó principios similares al diseño del Slinky para desarrollar amortiguadores en sus cohetes, que ayudan a absorber vibraciones durante el lanzamiento.

Estos avances en la ingeniería de cohetes jugaron un papel crucial en la carrera espacial, lo que permitió a la humanidad llegar a la Luna en 1969 con la misión Apolo 11.

Curiosamente, el mismo tipo de tecnología que ayudó a los cohetes a despegar también se utiliza hoy en día para lanzar satélites que forman parte de los sistemas de comunicación y monitoreo del clima en todo el mundo.

"Desde un Reloj hasta la Teoría del Big Bang"

Los primeros relojes mecánicos se inventaron en el siglo XIV en Europa, utilizando engranajes y pesas para medir el paso del tiempo con mayor precisión que los relojes de sol.

Estos relojes inspiraron el desarrollo de la relojería moderna, lo que permitió la creación de cronómetros precisos que revolucionaron la navegación, ayudando a los marineros a medir la longitud en el mar.

El concepto de tiempo preciso y medible también fue fundamental en la física moderna, como en la teoría de la relatividad de Einstein, que demostró cómo el tiempo puede ralentizarse o acelerarse dependiendo de la velocidad y la gravedad.

La relatividad fue clave para desarrollar la cosmología moderna, lo que llevó a la teoría del Big Bang, que explica cómo el universo se expandió a partir de un estado extremadamente denso y caliente hace 13.8 mil millones de años.

Hoy en día, relojes atómicos extremadamente precisos permiten medir las pequeñas fluctuaciones en el tiempo que confirman el movimiento de las galaxias y la expansión del universo, validando la teoría del Big Bang.

"Desde una Cuchara hasta la Supercomputadora"

Las cucharas más antiguas que se han encontrado datan de hace más de 3000 años, en el antiguo Egipto, donde se usaban no solo para comer, sino también en ceremonias religiosas y rituales.

Con el tiempo, las cucharas y utensilios se refinaron y diversificaron en diferentes culturas, hasta llegar a los cubiertos de plata en la Europa medieval, que se consideraban símbolos de estatus.

Los utensilios de metal, como las cucharas de plata, ayudaron a los primeros científicos a realizar experimentos con la conducción de calor y electricidad, sentando las bases para los avances tecnológicos del siglo XIX.

Estos avances permitieron la creación de los primeros circuitos eléctricos, lo que llevó a la invención de las computadoras modernas que utilizamos hoy en día.

Curiosamente, ahora contamos con supercomputadoras capaces de realizar miles de millones de cálculos por segundo, algunas de las cuales se utilizan para simular procesos tan complejos como el cambio climático o el comportamiento de las partículas subatómicas.

"Desde una Imprenta hasta la Inteligencia Artificial"

La imprenta de Gutenberg, inventada en el siglo XV, revolucionó la forma en que la información se distribuía, permitiendo la producción masiva de libros y facilitando el acceso al conocimiento.

Gracias a la imprenta, la difusión de ideas provocó el Renacimiento y la Revolución Científica, permitiendo a grandes pensadores como Galileo y Newton cambiar nuestra comprensión del mundo.

La teoría de la gravitación de Newton, publicada gracias a la imprenta, sentó las bases de la física moderna, que inspiró a futuras generaciones de científicos a crear nuevas tecnologías.

Esas tecnologías, como las primeras computadoras, comenzaron a procesar información de manera automática, lo que condujo al desarrollo de algoritmos cada vez más avanzados.

Hoy en día, esos mismos algoritmos se han convertido en la base de la inteligencia artificial, que aprende y procesa información a niveles que nunca habríamos imaginado, siguiendo una evolución que comenzó con la imprenta.

Reflexión final

El azar y las matemáticas nos enseñan que, aunque algo parezca imposible, las probabilidades siempre están trabajando, de manera silenciosa y persistente. Si le damos suficiente tiempo al universo, este puede sorprendernos de las maneras más inverosímiles. Y aunque el mono probablemente no escriba Hamlet durante nuestras vidas, es reconfortante saber que las matemáticas del azar nos recuerdan lo vasto, complejo e impredecible que es el mundo en el que vivimos.

El mono puede seguir tecleando por siempre, y nosotros, como observadores, nunca dejamos de maravillarnos ante las infinitas posibilidades del azar.

El Viaje Continúa

A lo largo de estas páginas, hemos explorado cómo la curiosidad impulsa nuestra búsqueda constante de conocimiento, cómo los números pueden revelar verdades inesperadas, y cómo el azar y el infinito nos confrontan con posibilidades que, aunque improbables, no son imposibles. Estos elementos, aparentemente desconectados, forman el núcleo de lo que nos hace humanos: el deseo de entender el mundo que nos rodea, de encontrar patrones en el caos y de desafiar lo establecido para ver más allá.

La paradoja del mono escribiendo Hamlet, la belleza de los números en la naturaleza y las historias de descubrimientos basados en la simple curiosidad nos recuerdan que la ciencia y la vida están entrelazadas por misterios que, a pesar de nuestros avances, seguimos desentrañando. Al final del día, el verdadero valor del conocimiento no radica únicamente en las respuestas que obtenemos, sino en las preguntas que nos animamos a hacer.

Y aunque es evidente que nunca lleguemos a conocer todas las respuestas, es este mismo impulso, esta chispa inagotable de curiosidad, lo que nos llevará siempre más allá de lo que creemos saber. Como un mono tecleando infinitamente, seguimos explorando, aprendiendo y avanzando, con la esperanza de que, eventualmente, logremos escribir nuestra propia obra maestra.

www.ingramcontent.com/pod-product-compliance
Lightning Source LLC
Chambersburg PA
CBHW071002220526
45471CB00007B/3139